ÁREA 51

MARYSA STORM

BLACK RABBIT BOOKS

Bolt es una publicación de Black Rabbit Books
P.O. Box 227, Mankato, Minnesota, 56002.
www.blackrabbitbooks.com

Michael Sellner, diseñador del interior;
Grant Gould, diseñador de producción;
Omay Ayres, investigación fotográfica
Traducción de Travod, www.travod.com

Información del catálogo de publicaciones de la biblioteca del congreso
Names: Storm, Marysa, author.
Title: Área 51 / Marysa Storm.
Other titles: Area 51. Spanish
Description: Mankato : Black Rabbit Books, 2021. | Series: Bolt Jr. Un poco espeluznante | Includes index. | Audience: Grades K-1 | Audience: Ages 6-8 | Summary: "Invites readers to investigate stories about Area 51 through engaging text, vibrant imagery, and clear, simple graphics"—Provided by publisher.
Identifiers: LCCN 2019053837 (print) | LCCN 2019053838 (ebook) | ISBN 9781623105280 (library binding) | ISBN 9781644664704 (paperback) | ISBN 9781623105341 (ebook)
Subjects: LCSH: Unidentified flying objects—Sightings and encounters—Nevada—Juvenile literature. | Area 51 (Nev.)—Juvenile literature. | Air bases—Nevada—Juvenile literature.
Classification: LCC TL789.5.N3 S7618 2021 (print) | LCC TL789.5.N3 (ebook) | DDC 358.4/170979314—dc23
LC record available at https://lccn.loc.gov/2019053837
LC ebook record available at https://lccn.loc.gov/2019053838

Impreso en los Estados Unidos de América

Créditos de las imágenes

Alamy: APFootage, 16–17; MasPix, 6–7; 10–11; MC Images, 18–19; iStock: iLexx, 10; Shutterstock: Corona Borealis Studio, Cover, 22–23; DGIM studio, 15; DM7, 13; Esteban De Armas, 1; Fer Gregory, 5, 12; Lena_graphics, 7, 8–9; MIKHAIL GRACHIKOV, 3, 24; sdecoret, 4, 21; Transtock, 20–21

Contenido

CAPÍTULO 1

Un lugar extraño

Un hombre está parado en el desierto. Es lo más cerca que puede aproximarse al Área 51. Algo está volando en el cielo. No se parece a ningún avión que haya visto antes. **Flota** sobre el Área 51. Luego desaparece. ¿Acaba de ver una nave espacial extraterrestre?

flotar: permanecer inmóvil en el aire sin moverse en ninguna dirección

COMPARANDO A LOS CREYENTES

Alrededor del 46% de los estadounidenses cree en los extraterrestres.

¿Qué es?

El Área 51 es una base militar. El trabajo que se realiza allí es ultrasecreto. Algunas personas están seguras de que allí están estudiando extraterrestres.

Alrededor del 54% de los estadounidenses no cree en los extraterrestres.

POSIBLE

Partes de los extraterrestres

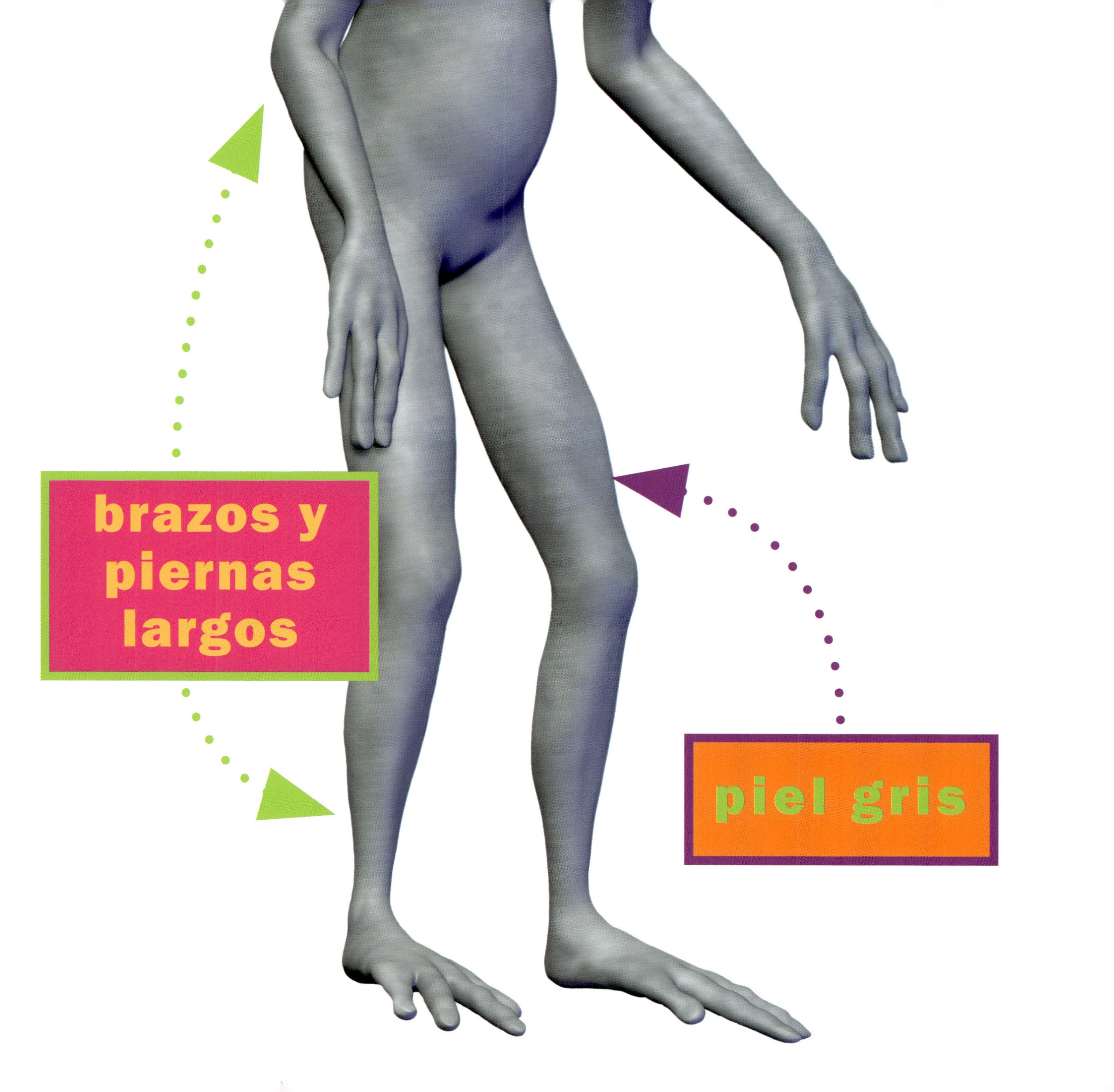
brazos y piernas largos
piel gris

CAPÍTULO 2

Historias extrañas

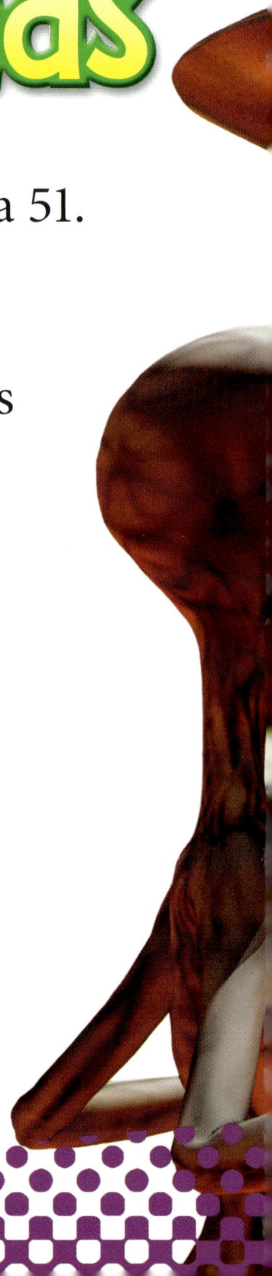

La gente cuenta historias sobre el Área 51. Dice que han visto **OVNIs** cerca de allí. Algunas personas piensan que son naves espaciales. Dicen que el gobierno las estudia.

OVNI: un objeto volador no identificado

HECHO

Muchos OVNIs en verdad son globos o rayos.

¿Extraterrestres?

Algunas personas **afirman** que trabajaron en el Área 51. Dicen que las historias son ciertas. Hablan sobre el estudio de naves espaciales. Algunos incluso dicen que han visto extraterrestres.

afirmar: decir que algo es cierto cuando algunas personas podrían decir que no lo es

¿Dónde está el Área 51?

Estados Unidos

Estudio de las historias

El gobierno de los Estados Unidos dice que prueba aviones en el Área 51. Estos aviones son poderosos. No se ven como aviones normales. La gente podría confundirlos con naves espaciales.

HECHO

El gobierno dice que las historias sobre extraterrestres son inventos.

BB

La verdad

Mucha gente cree lo que dice el gobierno. Pero algunos no. Dice que la verdad aún está oculta. Piensan que hay extraterrestres en el Área 51.

envergadura de un avión U-2 creado en el Área 51
104 pies (32 metros)

Información extra

El U-2 es un avión espía.

Los carteles advierten a las personas que se alejen del Área 51.

Comenzaron a las pruebas en 1955.

Algunas personas piensan que investigan sobre **el viaje en el tiempo** allí.

viaje en el tiempo: retroceder o avanzar en el tiempo

GLOSARIO

afirmar: decir que algo es cierto cuando algunas personas podrían decir que no lo es

flotar: permanecer inmóvil en el aire sin moverse en ninguna dirección

OVNI: es un objeto volador no identificado

viaje en el tiempo: retroceder o avanzar en el tiempo

ÍNDICE